AF404269

MÉMOIRES

DE

CHIMIE APPLIQUÉE A LA MÉDECINE

MÉMOIRES

DE

CHIMIE APPLIQUÉE A LA MÉDECINE

PAR

Jules DRIVON

Interne des hôpitaux de Lyon
Membre adjoint de la Société des sciences médicales
de Lyon.

I. QUELQUES REMARQUES SUR LA MÉLANOSE A PROPOS D'UN CAS
DE MÉLANOSE GÉNÉRALISÉE.
II. ANALYSE CHIMIQUE DES OS DANS L'OSTÉOMALACIE.

LYON
IMPRIMERIE D'AIMÉ VINGTRINIER
Rue de la Belle-Cordière, 14.

—

1868

QUELQUES REMARQUES

SUR LA MÉLANOSE

A PROPOS D'UN CAS DE MÉLANOSE GÉNÉRALISÉE

I

La mélanose généralisée est une affection assez rare, aussi son étude est-elle encore bien incomplète. Sans parler de l'étiologie qui est entièrement à faire, l'anatomie pathologique laisse encore beaucoup à désirer. On trouve en effet à ce sujet des erreurs considérables dans les auteurs classiques. C'est ainsi que dans le *Traité de pathologie* de Nélaton (1) on voit que jamais la mélanose n'a été rencontrée dans le tissu nerveux; Grisolle (2) ne connaît qu'un seul cas de mélanose du cerveau (3) et regarde l'infiltration osseuse dans la mélanose comme exceptionnelle. D'autres auteurs, Follin (4) entre autres, semblent admettre comme nécessaire à la formation des mélanomes que la partie atteinte contienne normalement du pigment, la choroïde ou la peau,

(1) *Éléments de pathologie chirurgicale*, t. I.
(2) *Traité élémentaire et pratique de pathologie interne*, t. II.
(3) Celui de Béhier : *Archives de médecine*, 1838.
(4) Follin, *Traité élémentaire de pathologie externe*, 1865.

par exemple. Depuis, des travaux spéciaux ont été faits (1) ; mais, fondés en général sur un nombre très-restreint d'autopsies, ils font sentir le besoin d'observations plus nombreuses. C'est donc en quelque sorte un devoir de faire connaître les cas que l'on est à même d'observer, quelque incomplets que soient les documents recueillis. Peut-être, un jour, pourra-t-on tirer de ces observations éparses les éléments d'un travail complet sur cette maladie.

Du reste, dans le cas que je présente ici, la généralisation a été beaucoup plus complète qu'elle ne l'est d'ordinaire. Béhier (2) n'a vu qu'un cas de mélanose cérébrale. Dans le cas de mélanose généralisée mentionné par Lebert (3), le cerveau a été trouvé sain. Parmi les six observations publiées par MM. Anger et Worthington, une fois seulement on a constaté une tumeur mélanique du cerveau (dans un corps opto-strié). Parmi les quatre faits cités par M. Peulevé, deux fois seulement on a cité des lésions cérébrales : dans un cas c'était une tumeur dans un des corps striés et quelques autres dans les hémisphères, dans le deuxième c'étaient de simples macules des hémisphères cérébraux. Enfin parmi les trente observations de mélanose réunies dans la thèse de M. Saint-Lager (4), une seule fois on trouva une tumeur dans le cerveau, encore y était-elle

(1) Notamment : *Mélanomes*, par MM. Anger et Worthington, 1866, *Contribution à l'étude de la mélanose généralisée*, V. Peulevé, 1866.
(2) *Archives générales de médecine*, 1838.
(3) Lebert. *Physiologie pathologique*, 1845, t. II, p. 111.
(4) Saint-Lager, *Thèse de Paris*, 1850.

arrivée directement par suite du développement d'un mé-
lanome de l'œil. Ainsi cinq fois seulement on a trouvé des lésions cérébrales causées par la mélanose. Ordinairement, en
effet, quelles que soient les lésions des autres systèmes, du
tissu osseux (1) surtout qui paraît être le plus fréquemment
atteint, le système nerveux reste parfaitement sain. Mais,
dans le cas présent, les lésions encéphaliques ont été mul-
tiples et d'autant plus intéressantes que s'étant dévelop-
pées à l'origine de certains nerfs, elles ont amené des phénomènes tout spéciaux (2).

OBSERVATION.

H..., Jean-Baptiste, né à Belfort (Haut-Rhin), modeleur,
âgé de 67 ans, entra le 9 décembre 1867 à l'hôpital de la
Croix-Rousse, service de M. Perroud.

Il n'y a rien à signaler chez les ascendants du malade, il
n'a eu lui-même aucune maladie antérieure.

(1) Anger et Worthington, loc. cit., observat. i, ii, iii, iv, v ;
Peulevé, loc. citat., observ. i, ii, iii.

(2) Ces cas de mélanose cérébrale sont les seuls que j'aie ren-
contrés dans les ouvrages français. Depuis, j'ai fait quelques recherches dans les ouvrages allemands qui en citent un certain
nombre de cas, notamment *Virchow, Die Krankhaften Gesch-
wulste, Dreissig Vorlesungen gehalten-warhend des Winterse-
mester* 1862-63. *Zweiter Band. Berlin*, 1834-65. Dans cet ouvrage j'ai trouvé plusieurs cas de mélanose cérébrale, cérébelleuse et même spinale, deux entre autres très-remarquables, l'un
de Virchow lui-même, l'autre de Rokitansky. Voir p. 120-122.

Sa maladie a débuté il y a quatre mois environ par de grands maux de tête accompagnés d'étourdissements et de vertiges. En même temps sont survenus un peu d'embarras de la parole et un peu de dureté de l'ouïe ; mais il n'y a eu aucun phénomène indiquant un état aigu, pas de perte de connaissance, pas d'hémiplégie.

Le 2 octobre, il entra à l'Hôtel-Dieu (service de M. Laroyenne), où il resta un mois. Outre les phénomènes déjà cités, on notait alors une paralysie double de la face, médiocrement accusée du reste. Il sortit de l'Hôtel-Dieu à peu près dans le même état qu'il y était entré (1).

Le 9 décembre, il était dans l'état suivant :

Étourdissements fréquents, un peu de diminution de la mémoire, intelligence assez bien conservée. Pas de maux de tête habituels, pas d'épistaxis.

Vue un peu trouble, pupilles égales se contractant facilement, surdité assez marquée, marche difficile et un peu chancelante ; les jambes sont faibles mais nullement paralysées, il n'y a pas d'hémiplégie. Les bras ne sont pas affaiblis, le malade peut serrer assez énergiquement et à peu près également de l'une et l'autre main. La parole est très-gênée, il articule mal ce qu'il dit, cependant les mouvements de la langue sont libres et bien coordonnés.

La gêne de la parole paraît tenir surtout à une hémiplégie faciale gauche très-marquée. Chute de la joue de ce côté. Le malade ne peut fermer les yeux complètement.

(1) La plupart de ces renseignements ont été donnés par le malade lui-même.

Fonctions digestives à peu près normales, coliques fréquentes, selles rares, un peu d'amaigrissement.

Apyrexie complète, les bruits du cœur sont lents et réguliers. Il n'y a pas de bruit de souffle au cœur ni dans les vaisseaux.

Tous ces symptômes se rapportent très-bien à la périencéphalite chronique diffuse ; tel fut donc le diagnostic porté et rien ne pouvait à ce moment faire soupçonner la véritable affection, le malade ne parlant nullement de certains signes que l'on ne pouvait deviner et qui évidemment existaient déjà. Jusqu'au 15 janvier il resta dans le même état ; il se promenait dans la salle, sa marche ne paraissait pas plus chancelante que lors de son entrée ; une seule fois il eut un étourdissement assez fort et faillit tomber.

15 janvier. — Pouls à 84, un peu irrégulier ; faiblesse considérable ; le malade peut à peine s'asseoir sur son lit. Surdité plus prononcée. Chute de la paupière droite avec strabisme externe, insensibilité de la conjonctive et de la cornée de l'œil droit. Diminution considérable de la sensibilité des membres. Pas d'hémiplégie. Intelligence très-obtuse. Anorexie complète, tendance de la langue à se sécher. Pas de perte des urines ni des matières fécales. Le malade ne se plaint d'aucune douleur.

16 janvier. — Pouls à 92, irrégulier. Somnolence, refroidissement des extrémités. La paralysie faciale gauche et celle de l'oculo-moteur commun droit sont plus prononcées. Le malade peut descendre de son lit pour aller à la chaise.

17 janvier. — État stationnaire. Pas de perte des urines ni des matières fécales. La sensibilité est presque abolie, somnolence voisine du coma.

On constate pour la première fois que la face antérieure du thorax de ce malade est parsemée de petites tumeurs dures et indolentes, sans changement de couleur de la peau. Leur volume varie entre celui d'un pois et celui d'une noisette. Dans la région sous-inguinale droite, une de ces tumeurs atteint le volume d'une pomme.

Abolition de la sensibilité à la température et diminution considérable de la motilité. Pas de troubles de la miction, les pupilles sont toujours normales.

18 janvier. — Pouls à 104, régulier. Le malade ne se lève plus pour aller à la chaise. Perte complète de la sensibilité sur toute la surface cutanée y compris la face. La paralysie faciale gauche se prononce davantage.

24 janvier. — Depuis quelques jours kératite purulente de l'œil gauche avec conjonctivite. Anesthésie complète de la face, des conjonctives et des cornées.

Mort le 26 janvier.

Jamais le malade n'avait parlé des tumeurs dont son thorax était parsemé, jamais il n'avait fait mention de cette volumineuse tumeur qu'il avait au pli de l'aine. Quand on les vit pour la première fois, le 17 janvier, il était incapable de donner aucun renseignement, ni ses parents, ni ses camarades d'atelier ne lui en avaient jamais entendu parler. Une fois seulement, durant son séjour à l'Hôtel-Dieu, on s'aperçut par hasard de la tumeur inguinale, elle avait alors le volume d'une noix et paraissait être un ganglion hypertrophié. Aux questions qui lui furent faites à cet égard, il répondit qu'il l'avait depuis longtemps, que jamais il n'en avait souffert et qu'il ne s'en était jamais occupé.

Tout incomplet qu'il est, ce renseignement est précieux, car il indique bien la marche des mélanomes. Longtemps une première tumeur est petite, indolente, le malade ne s'en occupe pas. Puis, tout à coup l'infection générale se fait, le corps du malade se couvre de tumeurs et la mort arrive rapidement dans une sorte de coma. Notons encore la rapidité avec laquelle s'est accrue la tumeur inguinale. A la fin d'octobre elle n'était pas plus grosse qu'une noix, un mois et demi après elle avait le volume d'un poing. Un volume aussi considérable est rare dans les tumeurs mélaniques.

Autopsie faite 24 heures après la mort.

Le tronc tout entier est parsemé de tumeurs dont le volume varie entre celui d'un pois et celui d'une amande. Extrêmement nombreuses vers les aisselles et sur les côtés du thorax, elles le sont moins vers sa partie médiane et sur l'abdomen où pourtant il en existe un certain nombre. Quelques-unes se voient sur le bras gauche, quelques-unes aussi dans la partie supérieure des cuisses. On n'en voit aucune sur la tête, sur les avant-bras, sur la partie inférieure des cuisses ni sur les jambes.

On trouve encore une tumeur volumineuse au-dessous de l'aine droite ; nous aurons occasion d'y revenir.

Du reste toutes offrent ce caractère commun que la peau n'a pas d'adhérences avec elles et que sa coloration n'a pas changé. A peine si par transparence on voit une légère teinte noirâtre sur quelques-unes d'entre elles.

Le nombre des tumeurs visibles est de 200 au moins.

La tumeur de l'aine peut s'énucléer assez facilement, son volume est celui d'un poing ; elle occupe la partie interne du creux inguinal. Le pli de l'aine, le couturier et le droit interne forment ses limites ; elle s'applique par sa partie profonde sur le pectiné et le premier adducteur et laisse en dehors à 1 centimètre environ le paquet vasculaire et nerveux de la cuisse.

Les autres tumeurs sont toutes situées dans le tissu cellulaire sous-cutané. Toutes présentent une certaine dureté. Aucune n'a cette fluidité que certains auteurs regardaient autrefois comme la deuxième période des tumeurs mélaniques, seule la grosse tumeur est ramollie en quelques points. A la coupe elles ont toutes une teinte noire très-intense.

En incisant l'abdomen on constate que quelques tumeurs ont trouvé place entre les muscles et aussi à la partie externe du péritoine pariétal.

Organes abdominaux. — Le tissu de la rate est normal. Aucune tache mélanique n'a pu y être constatée soit à l'intérieur, soit à l'extérieur, seulement vers son hile une tumeur du volume d'une noisette et quelques autres plus petites sont contenues dans le tissu cellulaire qui entoure les vaisseaux à leur entrée dans cet organe.

Les reins sont sains ; seul le rein droit présente une macule mélanique à la partie supérieure du hile. Cette infiltration peu profonde paraît siéger immédiatement au-dessous de l'enveloppe celluleuse de la glande. L'enveloppe cellulo-adipeuse de chacun des reins contient au moins 15 ou 20 tumeurs du volume d'une noisette.

Comme les reins, le pancréas est peu altéré dans sa substance, mais il est entouré de kystes mélaniques.

Le mésentère est rempli de tumeurs. La dégénérescence s'est sans doute emparée des ganglions mésentériques, du moins les masses mélaniques ont le siége et la forme de ces ganglions. C'est là que siégent les plus volumineuses tumeurs (celle de l'aine exceptée), plusieurs ont un volume supérieur à celui d'une noix.

Quelques tumeurs sont situées dans l'épaisseur du grand épiploon et entre les feuillets de ces replis péritonéaux que l'on désigne sous le nom générique de *méso*. Aucune n'a pu être constatée sur l'estomac ni sur l'intestin.

Le lobe gauche du foie est complètement envahi par la matière mélanique ; il représente une masse molle, presque fluctuante. Le reste de l'organe est à peu près sain ; deux ou trois tumeurs seulement sur le lobe droit, une sur le lobe de Spigel.

Organes thoraciques. — Le sommet du poumon droit est complètement infiltré de mélanose. Au microscope on constate que les vésicules pulmonaires sont énormément dilatées et remplies de granulations mélaniques. Le poumon gauche et la partie inférieure du poumon droit ne contiennent pas de mélanose infiltrée. La forme en masses solides y reparaît et les tumeurs, peu nombreuses dans le parenchyme pulmonaire, se voient au nombre de 10 ou 15 entre la plèvre viscérale et le poumon.

Cœur : Là encore c'est la forme en masses solides qui reparaît et comme dans les reins et le pancréas la mélanose n'est pas dans l'organe lui-même, mais dans ses enveloppes. Ainsi on voit plusieurs tumeurs à la base du cœur en dehors des fibres musculaires, une seule se trouve à l'intérieur de l'oreillette droite et la saillie qu'elle forme indique qu'elle ne pénètre guère dans le muscle lui-même.

L'aorte est énormément dilatée, très-athéromateuse. Quelques petites tumeurs se sont logées entre sa tunique externe et sa tunique moyenne. L'athérome ne dépasse pas la crosse et disparaît dans les artères qui en émanent.

Cerveau. — Hémisphère gauche : macules peu nombreuses sur le lobe moyen et le lobe occipital. Le lobe frontal a une teinte grise à peu près uniforme ; mais la lésion est très-superficielle, les tubes nerveux ne sont infiltrés que dans une épaisseur de 1 millimètre environ. La troisième circonvolution frontale n'est ni plus ni moins altérée que les autres.

Hémisphère droit : Macules nombreuses sur le lobe frontal, plus nombreuses encore sur l'insula et les circonvolutions qui l'avoisinent ; le lobe moyen est uniformément gris ardoisé, le lobe occipital est à peu près intact.

Toutes ces lésions sont très-superficielles, nulle part la matière mélanique ne pénètre à plus de 2 millimètres dans la substance cérébrale. Dans les hémisphères on ne trouve qu'une seule tumeur du volume d'une noisette. Elle est située à la partie antérieure de la circonvolution de la scissure de Sylvius à droite.

Nerfs crâniens. — Rien sur les nerfs olfactifs.

Macule légère sur le nerf optique droit, vers le chiasma.

Les deux moteurs oculaires communs, à 3 millimètres environ au-delà de leur origine apparente, se renflent brusquement, le droit surtout, leur volume devient au moins triple ou quadruple dans une étendue de 3 ou 4 millimètres, puis redevient normal. En sectionnant ces renflements on voit qu'une tumeur s'est développée au milieu de chacun d'eux en écartant ou détruisant les tubes nerveux. Les plus externes semblent peu affectés, ils passent sur les tumeurs sans perdre leur coloration normale, les plus internes sont évidemment infiltrés.

Une tumeur du volume et de la couleur d'un grain de cassis occupe l'origine apparente du trijumeau gauche ; recouverte seulement par la partie la plus superficielle des fibres transversales moyennes et supérieures du pont de Varole, on reconnaît sa présence à une teinte grise assez marquée. Le trijumeau se trouve en quelque sorte sectionné à son origine.

Les deux trous auditifs internes étaient remplis de matière mélanique dans laquelle on ne pouvait suivre le facial et l'auditif. L'altération était surtout marquée à gauche.

Les autres nerfs ne présentaient rien de particulier.

Les parties normalement pigmentées, telles que le *locus niger crurum cerebri* et le *corps godronné*, n'étaient pas plus colorées qu'a l'état normal.

Cervelet. — Une tumeur du volume d'une noix occupait à peu près tout l'hémisphère droit. A la partie supérieure de ce lobe elle n'était recouverte que par une couche de substance cérébelleuse de 1 millimètre à peu près.

Les trois lobes étaient recouverts de macules, en général peu profondes (1).

Le corps étant réclamé, l'autopsie n'a pu être plus complète ; il eût pourtant été intéressant de chercher si le système osseux était atteint. Le fait est probable, car plusieurs observations citées par MM. Anger et Worthington montrent que dans certains cas c'est par là que débute l'affection, et dans tous les cas de mélanose généralisée le tissu osseux a été trouvé infiltré de granulations pigmentaires. Cependant je dois faire remarquer que la section de la voûte crânienne ne présentait pas la teinte mélanique. Le crâne était très-épais ; deux ou trois points étaient presque perforés par des corpuscules de Pacchioni, mais nulle part, soit en dedans, soit en dehors, je n'ai pu voir la teinte caractéristique.

Il eût été intéressant aussi de voir ce qu'étaient deve-

----

(1) Toutes les pièces de cette autopsie ont été présentées à la Société des sciences médicales.

nus les tubes nerveux dans les nerfs coupés pour ainsi dire à leur origine. Sans doute l'altération était celle que l'on détermine par la section des nerfs dans les expériences de physiologie ; mais alors le degré d'altération de ces nerfs aurait indiqué approximativement à quelle époque remontait leur lésion.

L'autopsie rendait très-bien compte de certains phénomènes observés pendant la vie. La paralysie faciale, la perte de l'ouïe, le strabisme externe, la chute des paupières, tout, jusqu'à la kératite purulente de l'œil gauche, trouve dans les lésions cadavériques une explication complète. Pour ce dernier phénomène on sait en effet que la section des trijumeaux amène d'abord l'opacité puis ulcération et parfois même la perforation de la cornée, tous accidents dus, ainsi qu'il résulte des expériences de Snellen, non pas, comme on l'a cru d'abord, à l'action de l'air sur l'œil qui ne se ferme plus, mais à une inflammation spéciale. En effet, l'occlusion et même la suture des paupières après la section du trijumeau ne retarde que de peu de jours la kératite.

Un fait, pourtant, reste sans explication, c'est cette abolition complète de la sensibilité cutanée. Il est bien probable que pas plus que le cerveau la moelle n'était indemne de mélanose. Mais en quel point était la lésion ? Alors que déjà la sensibilité était presque nulle, le malade pouvait encore se lever et faire quelques pas, la moelle n'était donc pas atteinte dans toute son épaisseur. Faut-il admettre avec quelques auteurs, Lussana entre autres, que le cervelet est un centre de sensibilité ? Mais l'insensibilité était générale

2

et la lésion n'était que dans un lobe du cervelet. Avec l'hypothèse généralement admise, le cervelet, centre de coordination, on ne voit pas quelle a été l'influence de la tumeur cérébelleuse ; évidemment vu son volume elle datait au moins de quelques jours, et cependant le malade pouvait encore se lever neuf jours avant sa mort ; il y a plus, trois jours avant de mourir il pouvait encore lorsqu'on l'y invitait serrer assez énergiquement la main. Les mouvements étaient lents mais parfaitement coordonnés.

Histologie. — L'examen microscopique donnait des résultats différents selon les points examinés. Dans quelques tumeurs les éléments normaux étaient seulement infiltrés de matière mélanique, sans modification de leur forme ou de leurs dispositions anatomiques ; dans d'autres l'infiltration avait modifié leurs dispositions normales, dans d'autres enfin les granulations avaient envahi des éléments hétérotopiques.

J'ai déjà dit ce qu'on trouvait dans les parties infiltrées du poumon droit : les vésicules énormément distendues, remplies de granulations pigmentaires et ces mêmes granulations répandues çà et là dans le tissu conjonctif. Dans la plupart des tumeurs les cellules plasmatiques contenaient des noyaux pigmentaires, mais leur forme n'était pas altérée. Dans les tumeurs liquides du foie M. Perroud a trouvé d'autres éléments, des macrocytes étaient mélangés aux noyaux granuleux isolés, les cellules macrocytiques contenaient de ces mêmes granulations. Seul, leur noyau avait échappé à l'infiltration mélanique.

Je dois à l'obligeance de M. le docteur Christôt d'avoir vu un certain nombre de belles préparations microscopiques des tumeurs cérébrales. Les myélocytes étaient infiltrés de matière mélanique et des éléments de même nature se voyaient isolés autour de la substance cérébrale. Pour les vaisseaux il y avait deux états différents. Le plus souvent, dans les derniers capillaires l'élément granuleux était répandu en grande abondance dans la gaîne lymphatique qui les entoure, le vaisseau lui-même ne contenant que des hématies ; d'autres fois, au contraire, les hématies disparaissaient à peu près complètement et l'on ne voyait dans le vaisseau dilaté comme par une sorte de caillot que des granulations mélaniques pressées les unes contre les autres.

J'ai cru devoir donner avec quelques détails les résultats de l'autopsie et de l'examen microscopique ; les premiers, parce que le cas rapporté ici est, je crois, unique jusqu'à présent comme généralisation dans l'encéphale ; les autres à cause de leur importance relativement à la nature même dé la maladie.

De nombreuses opinions ont été émises à cet égard, bornons-nous à les exposer sans prétendre les juger.

D'après Lebert (1) et cette opinion a depuis été admise par nombre d'auteurs, Grisolle (2) entre autres, « la mélanose est formée uniquement de pigment sans addition d'éléments dits cancéreux. » D'autres auteurs font une dis-

(1) Lebert, *Physiologie pathologique*, 1845, t. ii, p. 110.
(2) Grisolle, loc. cit..

tinction. Nélaton (1) admet une mélanose vraie et un cancer mélané et en donne même le diagnostic différentiel.
Follin (2) divise plus encore, il reconnaît une mélanose
cancéreuse qui « ne diffère de l'encéphaloïde ordinaire que
par l'addition d'éléments pigmentaires aux corpuscules du
cancer » et, des mélanoses qu'il croit pouvoir ranger en
trois groupes : « les mélanoses formées par les altérations
de composition de l'hématine, celles qui sont dues à un
simple dépôt de charbon, enfin celles qui proviennent de
l'hypergénèse de la matière pigmentaire, » et il ajoute :
« Mais pour le moment il n'est pas possible d'en faire nettement la distinction. » L'opinion de Follin relativement
au cancer mélanique compte aujourd'hui un grand nombre
d'ahérents ; Heurtaux, dans le *Nouveau dictionnaire de médecine* (3), l'a complètement adoptée. Cependant elle n'est
pas admise par tous les auteurs. Ch. Robin pense que la
matière mélanique peut infiltrer toute espèce de tissu soit
normal, soit pathologique, « les macrocytes l'accompagnent
souvent mais non toujours. » C'est aussi l'avis de M. Peulevé (4) : « La cellule n'est pas indispensable pour consti-
tuer le caractère de malignité de la mélanose. » Il admet qu'il peut y avoir généralisation sans qu'il y ait
d'autres éléments que des granulations pigmentaires, et
c'est bien néanmoins un *cancer*, car la récidive arrive fa-

(1) Nélaton, loc. cit.
(2) Follin, loc. citat., p. 244.
(3) Heurtaux, art. cancer.
(4) V. Peulevé, loc. citat., p. 18.

talement après l'opération et les malades succombent dans une cachexie tout à fait semblable à la cachexie dite cancéreuse.

MM. Billroth, Anger et Worthington soutiennent des opinions identiques. Pour eux il y a toujours des éléments cancéreux dans les tumeurs mélaniques. « L'examen microscopique de ces tumeurs, dit Billroth (1), fait reconnaître un tissu sarcomateux ou carcinomateux, mais plus fréquemment le premier. » MM. Anger et Worthington ont aussi toujours trouvé des éléments dits cancéreux. Enfin M. Cornil (2), qui a fait l'examen de trois tumeurs, y a toujours trouvé des éléments fibro-plastiques ou embryo-plastiques.

Une opinion encore, qui est aujourd'hui généralement adoptée : Virchow admet trois espèces de mélanomes : mélanomes simples, mélanomes carcinomes et mélanomes sarcomes.

Comme on le voit, pour les uns, les cellules dites cancéreuses, spécialement les macrocytes, accompagnent nécessairement la mélanose généralisée ; pour d'autres, au contraire, la granulation mélanique peut suffire à donner une affection ayant tous les caractères d'un véritable cancer. Or,

(1) Billroth, *Die allgemeine chirurgische pathologie und therapie.* Berlin, 1866. p. 738.
(2) Peulevé, loc. citat., p. 42.

si l'on se reporte à l'examen histologique fait plus haut, on voit que selon le point examiné il était favorable à l'une ou à l'autre opinion, car si dans le foie on a trouvé des macrocytes, on n'en a pu trouver dans le cerveau.

II

OBSERVATIONS CHIMIQUES SUR LA MÉLANOSE.

Deux points m'ont paru intéressants à étudier chimiquement dans la mélanose, les urines et les tumeurs mécaniques.

1. — *Urines dans la mélanose.*

Des travaux ont été faits d'après lesquels le diagnostic de la mélanose, singulièrement difficile dans certains cas, celui qui a motivé ce travail par exemple, pourrait être éclairé par l'examen des urines. Il résulte, en effet, d'expériences faites par Eiselt à la clinique du professeur Halla, et renouvelées plus tard par Bolze, que l'urine d'un individu affecté de mélanose donne les trois réactions suivantes :

1º Exposée à l'air et à la lumière elle devient noire ;

2º Traitée par l'acide azotique elle prend la même coloration ;

3º Elle prend encore la même couleur quand on la traite par l'acide chromique.

Follin, qui donne ces détails (1), émet quelques doutes sur la réalité de ces réactions qu'il n'a, du reste, pu vérifier. Peut-être ce doute est-il augmenté par l'explication un peu étrange que Eiselt donne de la réaction. D'après lui « le pigment noir est séparé à l'état de matière incolore qui par une matière oxydante est changée en une matière colorante noire. » A cette explication je crois devoir substituer celle-ci qui a du moins pour elle de ne s'appuyer que sur une propriété de la mélanine reconnue par tous les auteurs qui l'ont examinée :

« L'eau froide ne dissout pas cette substance (la matière mélanique); mais par une ébullition prolongée elle prend une couleur noire foncée; et par les acides elle donne un précipité noir de mélanine proprement dite. »

Ce passage, emprunté à un ouvrage classique, le *Dictionnaire* de Nysten, édition Robin et Littré, art. MÉLANINE, explique bien ce qui se passe. Si peu soluble qu'elle soit (2), la matière mélanique existe dans l'urine, au moins dans certains cas de mélanose généralisée. Il est facile de s'en

(1) Follin. *Traité élémentaire de pathologie externe*, 1865.

(2) Les auteurs contiennent bien des erreurs touchant la solubilité de la mélanine. D'après Breschet, elle est soluble dans l'eau et dans l'alcool; d'après Robin et Verdeil (*Traité de chimie anat. et physiol.*, t. III, 1853), elle est insoluble dans l'eau froide, dans l'eau bouillante et dans l'alcool. Je crois qu'il y a des inexactitudes dans ces deux opinions. La mélanine m'a paru insoluble dans l'alcool. Quant à son insolubilité dans l'eau même bouillante, on voit que depuis, M. Robin a rectifié lui-même cette assertion. J'ajouterai même qu'il n'y a pas là un simple phénomène de miscibilité à l'eau, ainsi qu'on l'a dit, mais une véritable dissolution.

assurer en faisant évaporer a siccité (au bain marie) comparativement de l'urine d'un individu affecté de mélanose généralisée et de l'urine d'un individu sain. Dans le premier cas le résidu est noir, poisseux et bien différent du produit jaune, rougeâtre et granuleux que l'on obtient dans le second. Le deuxième résidu traité par l'alcool il ne reste que les sels, qui sont généralement presque blancs ; le premier, au contraire, traité de même, reste noir ; c'est que, ainsi qu'on l'a reconnu, la mélanine est insoluble dans l'alcool. L'acide que l'on ajoute à l'urine de l'individu affecté de mélanose, précipite une partie de la mélanine, l'autre reste en suspension. Il se passe là dans l'urine exactement ce qui se passe dans une solution aqueuse de mélanine.

Voici pour la coloration en noir de cette urine traitée par les acides ; mais comment expliquer l'action de l'air ? Ce serait peut-être bien difficile, à moins que l'on ne veuille admettre que dissoute à la température d'émission de l'urine, la mélanine soit seulement en suspension à la température ordinaire et en cet état lui donne cette teinte sombre que j'ai en effet observée. Comme je n'ai jamais vu ces urines que plusieurs heures après leur émission, j'ignore si durant ce temps leur coloration avait changé. Quant à l'influence de l'air, je la crois nulle.

Au moment où j'ai fait ce travail, il se trouvait, chose extraordinaire vu la rareté de la mélanose, que trois individus affectés de cette maladie étaient soignés à l'Hôtel-Dieu. J'ai pu, grâce à l'obligeance de mes collègues, me

procurer de l'urine de ces trois malades, et voici les résultats auxquels je suis arrivé.

1º Malade affecté de mélanose généralisée. État général
très-grave.

Urine de sommeil. Examinée douze heures environ après
son émission, elle donne la réaction acide, sa densité à
20º est 1,022, sa couleur est jaune sombre.

Des quantités égales versées dans des verres à pied ont
été traitées par l'acide azotique et par l'acide chromique.
Dans un troisième verre l'urine est restée pure.

(*a*) Le lendemain (vingt-quatre heures après l'émission),
l'urine restée pure est légèrement trouble, mais elle est
sensiblement *moins colorée* que la veille.

(*b*) L'urine traitée par l'acide azotique a laissé précipiter
une grande quantité de cristaux facilement reconnaissables
au microscope à leur forme en losange simple ou en losan-
ges à arêtes courbes pour des cristaux d'acide urique. Cette
urine a pris de plus une couleur noirâtre bien manifeste.

(*c*) Cette teinte noire est plus manifeste encore dans
l'urine traitée par l'acide chromique. Celle-ci est restée
limpide, il ne s'y forme pas de précipité cristallin.

Après trente-six heures d'exposition à l'air :

L'urine (*a*) contient un abondant dépôt blanc, elle est
très-peu colorée.

(*b*) La teinte reste la même. Le dépôt est plus abondant,
mais il est recouvert d'une sorte de sédiment noirâtre pré-
sentant à un grossissement de 100 diamètres l'aspect d'une
masse amorphe noire entourée d'inombrables cristaux
d'acide urique. Examinée par M. Perroud à un grossisse-

ment suffisant cette matière a été reconnue pour un amas de granulations mélaniques.

(c) La coloration reste la même, pas de précipité.

Je n'entrerai pas dans d'aussi longs détails pour donner les résultats de l'examen de l'urine des deux autres malades. Le mode de procéder a été le même. Voici d'abord le résultat de l'analyse qualitative des urines de ces malades (1).

	A Mélanose généralisée Etat très-grave. —	B Mélanose localisée Etat général bon. —	C Mélanose Commencement de généralisation
Nature de l'urine..	de sommeil.	(h. du jour?)	10 h. mat.
Couleur..........	jaune obscur	color. médiocre	jaune obsc.
Densité à 20°......	1,022	1,021	1,020
Mat. solides p^r 1,000	59,60	50,0	50,0
Phosph. terreux...	Q. N.	E.	Q. N.
Phosph. alcalin...	0	Q. N.	0
Chlorures........	Q. N.	Q. N.	Q. N.
Mat. colorante....	Q. N.	Q. N.	Q. N.
Acide urique.....	E	E (tr.-léger)	E
Albumine........	0	0	0
Glycose (2).......	0	0	0

(1) Je n'ai pas cru devoir faire l'analyse quantitative, car je n'opérais pas sur l'urine de vingt-quatre heures. Or, rien de plus erroné qu'une analyse qui ne porte que sur l'urine d'une partie de la journée. J'ai constaté qu'en plein état de santé la densité pouvait varier en un jour de 1,008 à 1,032, presque les points extrêmes de l'état morbide (1,002, hystérie ; 1,040, diabète glycosurique). Pendant ce temps la proportion des sels variait de 20 à 75 pour 1,000. Que l'on juge par là de la différence des résultats obtenus selon que l'on eût examiné l'une ou l'autre de ces urines.

- (2) Q. N. quantité normale. — E. excès.

Disons de suite que l'urine (B) est à peu près normale et que si elle contient de la mélanine l'expérience de Eiselt ne suffit pas pour la déceler.

En examinant ce tableau on y reconnaît l'identité à peu près absolue des urines A et C ; elles ont ce remarquable caractère commun que les phosphates alcalins y manquent complètement. Ce résultat est d'autant plus étrange que l'acidité de l'urine est généralement donnée par les phosphates acides de soude et que ces urines étaient très-acides, même examinées douze heures après leur émission. Cette acidité est expliquée ici par l'excès d'acide urique et d'urates, démontré : 1º par l'action de l'acide acétique ; 2º par l'action de l'acide azotique ; 3º par la production de murexide en opérant de la manière ordinaire ; 4º enfin par la réaction de la liqueur de Barcswill (dépôt blanc verdâtre).

Les phosphates alcalins sont précipités à l'état de phosphate bibasique de chaux par le chlorure de calcium (1). Or, dans les analyses A et C le chlorure de calcium ne troublait même pas l'urine essayée.

Un autre caractère non moins singulier est fourni par la réaction qui doit servir à précipiter les phosphates terreux. Dans ce cas on se sert de l'ammoniaque. Eh bien, à l'inverse de ce qui arrive ordinairement, ce réactif décolore l'urine d'une façon très-manifeste. Ceci nous ramène à une

(1) Voici la réaction :

$$\left.\begin{array}{l} 2 \text{ HO,NaO PhO}^5 + 2 \text{ HO} \\ 2 \text{ NaO HOPhO}^5 + 25 \text{ HO} \\ 3 \text{ NaO PhO}^5 + 24 \text{ HO} \end{array}\right\} + 6\,\text{CaCl} = 6\,\text{NaCl} + 3\,(2\,\text{CaO Pho}^5 \text{ HO}) + 51 \text{ HO}.$$

des manières de procéder de Eiselt : quand il expose à l'air de l'urine, celle-ci se décompose peu à peu, l'urée se transforme en carbonate d'ammoniaque qui décolore l'urine mélanique en dissolvant la mélanine. On sait en effet que l'ammoniaque est un des meilleurs dissolvants de cette substance ; donc la théorie est d'accord en ce point avec l'expérience ; l'urine de mélanose ne doit pas noircir mais se décolorer à l'air.

Quant aux deuxième et troisième modes de procéder (acide azotique et acide chromique) de Eiselt et de Bolze, ils m'ont donné dans les analyses (A) et (C) les mêmes résultats qu'ils leur avaient donnés. C'est une réaction très-simple, très-facile à laquelle je ne trouve qu'un inconvénient, sa longueur. Ce n'est en effet qu'au bout de plusieurs heures que l'on obtient un résultat. Je propose de modifier le mode de procéder et d'opérer ainsi :

On verse de l'urine à examiner dans deux tubes à peu près égaux, puis dans l'un des deux on porte le liquide à l'ébullition. On le met alors à côté du premier, et dans le liquide bouillant on verse deux ou trois gouttes d'acide azotique. La réaction est instantanée, le liquide devient plus ou moins noir, selon que la mélanine y est plus ou moins abondante. Le second tube n'est là que pour servir de témoin et pour voir de combien la coloration a changé.

Il est dans ce procédé des causes d'erreur dont il convient de se défier :

Une urine contenant des principes biliaires prend par l'acide azotique une teinte foncée ; mais cette couleur est d'un jaune rougeâtre et non d'un brun noirâtre comme dans l'urine mélanique, en outre elle se produit à froid immédiatement ; dans le cas d'urines pigmentaires, au contraire, elle ne se produit que vers 100° ou bien au bout de plusieurs heures.

Une urine très-chargée en urates change aussi de couleur ; mais alors elle prend une teinte qui se rapproche plus ou moins du rouge pourpre. J'attribue cette réaction à la formation d'une très-petite quantité de murexide par l'action de l'acide azotique sur l'acide urique, en présence d'une matière qui peut donner de l'ammoniaque (urée) (1).

Ces causes d'erreur existent du reste aussi bien dans le procédé de Eiselt que dans celui que je propose. Aussi dans l'un et dans l'autre cas le plus sûr moyen d'éviter toute erreur sera l'examen microscopique des dépôts obtenus. La mélanine n'étant que très-difficilement attaquable par les acides on reconnaîtra au microscope les corps granuleux caractéristiques. Et c'est parce que l'acide chromique ne donne pas ce dépôt que je pense que sa réaction doit être négligée.

2. — *Tumeurs mélaniques*.

Je n'ai pu me procurer aucun ouvrage traitant spécialement de la mélanose au point de vue chimique. Peut-être tous les résultats que je vais donner sont-ils connus déjà, peut-être aussi sont-ils nouveaux. En tous cas, ils pourront servir de point de départ pour de nouvelles recherches.

(1) Quelques auteurs admettent que cette coloration est due à une action spéciale de l'acide azotique sur l'uroxanthine.

Dans quelle proportion la mélanine existe-t-elle dans les mélanomes ? En quantité très-variable évidemment. Quelques tumeurs sont à peine grisâtres, quelques autres sont tout à fait noires. Certaines tumeurs sont assez dures, d'autres tout à fait molles, même liquides ; les variétés sont infinies. Cependant une évaluation même approximative ne peut être inutile. J'ai pris, pour les analyser, des ganglions mésentériques très-fortement infiltrés de mélanose : quelques-uns, les plus volumineux, avaient leur centre dans cet état de mollesse que Laënnec considérait comme une deuxième période, une période de ramollissement de la mélanose, avant qu'il fût reconnu que les tissus infiltrés étaient seuls le siége du ramollissement. Ces tumeurs, coupées en très-petits fragments et traitées à plusieurs reprises par l'eau distillée froide, ont donné un liquide peu coloré très-albumineux.

Ensuite, pour isoler la matière mélanique, j'ai utilisé la propriété connue de la miscibilité de cette substance à l'eau et sa solution dans ce liquide bouillant. Après une longue ébullition dans de l'eau distillée plusieurs fois renouvelée, j'ai obtenu un produit très-élastique ayant l'apparence du caoutchouc ; c'était le tissu propre du ganglion infiltré de matière mélanique. Enfin, les sels fixes ont été obtenus par incinération, et le produit traité par l'acide azotique, la présence du fer y a été nettement décelée.

Voici les résultats obtenus :

Albumine.............................. 3,28
Tissu propre des ganglions............ 7,92
Matière mélanique restée sur les filtres.. 3,36
      —   dissoute 2,00
Sels................................. 1,00
Eau (dosée par différence)............ 82,44
                          100,00

J'ai encore un fait à signaler. Des tumeurs mélaniques ayant été soumises à une longue ébullition dans l'acide azotique, le liquide filtré a donné de beaux cristaux ayant la forme de longues aiguilles rectangulaires. J'ignore quel est ce produit qui a été obtenu en trop petite quantité pour être analysé. J'ai cru d'abord à une transformation du chlorure de sodium que j'avais reconnu, mais non dosé dans les tumeurs en azotate de soude. Mais ceci ne me paraît pas admissible. D'abord, l'azotate de soude cristallise en rhomboèdres très-voisins du cube, puis le produit obtenu était trop considérable (5,39 %) pour ne provenir que du chlorure de sodium des tumeurs.

J'arrive enfin à une dernière série d'expériences ayant pour but de contribuer à l'étude de la production de la mélanose.

On sait que deux théories sont en présence. D'après certains auteurs, la mélanose n'est qu'une déviation du pigment normal, et sans doute la fréquence des tumeurs mélaniques à l'anus des chevaux blancs semble justifier cette idée. Chez ceux-ci, en effet, la mélanose paraît dès l'âge de 2 ou 3 ans et augmente avec l'âge. Il est peu commun qu'un cheval blanc âgé n'en présente pas. Chez les autres, au contraire, c'est une affection extrêmement rare, et l'on cite comme très-exceptionnels les cas de chevaux alezans et bais ayant eu des tumeurs mélaniques. Ici, il semble donc bien qu'il y a réellement déviation du pigment. Dans l'espèce humaine, c'est aussi une maladie de la vicillesse, bien que l'on ait cité quelques cas survenus à un âge peu avancé (notamment première observation d'Anger et Worthington, loc. citat. : 28 ans). Là encore, on pourrait donc invoquer une déviation du pigment. Cette opinion a été soutenue par un grand nombre d'auteurs, dont les plus connus sont Noack, Trousseau et Leblanc ; mais, de nos jours, l'opinion contraire semble devoir devenir prépondérante, Heurtaux, Follin, Billroth admettent que la maladie est causée par une altération particulière du sang.

Cette idée n'est pas nouvelle, et depuis qu'elle a été émise par Breschet, elle a toujours été vivement défendue. Le docteur Fabre s'exprime ainsi : « Aujourd'hui, la plupart des pathologistes, s'appuyant sur l'analyse chimique, regardent avec M. Breschet, la mélanose comme de nature hémorrhagique. Dans cette opinion, le sang s'étant épanché dans un organe ou dans une cavité, sa partie séreuse est résorbée, et la partie présente finit par prendre la couleur et la consistance de la mélanose (1). » L'analyse chimique appuie cette théorie, en montrant dans la matière mélanique, tous les principes constituants du sang, l'hé-

______

(1) Fabre. *Dictionn. des Dictionn. de médecine*, t. v, art. *mélanose*.

matine exceptée. Enfin, Billroth (1) lui prête actuellement l'autorité de son nom : « Le sang extravasé dans les tissus produit du pigment, soit de l'hématoïdine, soit de la mélanine (cette dernière dans les reins, et, à la suite de fièvres intermittentes, dans la rate). »

Un argument important en faveur de la théorie de la transformation du sang en matière mélanique, est fourni par l'état des capsules surrénales. Bien que le rôle de ces organes dans la production du pigment ne soit pas encore bien connu, les faits cliniques semblent avoir démontré que leur importance est considérable. Or, dans à peu près toutes les autopsies de mélanose généralisée, les capsules surrénales ont été trouvées saines. N'est-il pas bien étrange, qu'alors que l'économie tout entière est remplie de pigment, ces organes soient plus épargnés que les autres et restent sains et normaux, alors que, vu leur surcroît d'action, ils devraient au moins être hypertrophiés ? La transformation du sang en matière pigmentaire me paraît plus admissible, et voici quelques expériences qui me paraissent appuyer l'idée de cette transformation.

J'ai soumis à une température de 90° environ, les mélanges suivants :

(*a*) Sang additionné d'eau.
(*b*)   —   d'une solution d'acide lactique.
(*c*)   —   —   d'acide urique dans la potasse.
(*d*)   —   —   d'acide acétique.
(*e*)   —   —   d'acide azotique très-dilué.
(*f*)   —   —   d'ammoniaque étendue.

(1) Billroth, loco citat.

A 70° le produit (*a*), a changé de couleur; de rouge sombre, presque noir, il est devenu par la coagulation de l'albumine, solide, rouge sale, peu coloré; au microscope on ne reconnaissait plus les hématies, on ne voyait plus que des granulations rougeâtres.

(*b*) A 70°, le liquide est devenu un peu noir, à 90° il était *liquide*, noir intense, filant, colorant le papier en sépia, miscible à l'eau, précipitable par l'acide azotique.

Examiné au microscope, on reconnaissait un certain nombre d'hématies non détruites, mais d'autres étaient profondément altérées, et la préparation était tout à fait analogue à celle qu'on eût produite avec une tumeur mélanique (1).

(*c*) (*d*) L'acide acétique et l'acide urique ont donné des produits très-analogues quant aux propriétés chimiques et physiques; l'examen microscopique n'en a pas été fait.

(*e*) L'acide azotique a plus profondément encore altéré les hématies, la coloration était tout aussi intense.

(*f*) L'ammoniaque a donné au liquide une teinte plus sombre, mais il continuait de tacher le papier en rouge, la matière colorante était évidemment peu altérée.

En résumé, la chaleur seule altère fortement les globules, mais une température de 90° n'agit pas sur la matière colorante; au contraire, à cette température, les acides organiques suffisent pour la transformer. Comme propriétés physiques et chimiques, le produit ressemble à la mélanose. Au microscope, avec certaines préparations,

(1) Je dois ajouter que la potasse caustique est sans action sur ce produit.

la différence entre ces produits de transformation et la mélanose, peut être nulle.

Ne se pourrait-il pas que, sous l'influence de quelque acide de l'économie, la transformation s'opérât? Il semble, il est vrai que, cette théorie admise, la mélanose devrait être fréquente, mais il est bien à remarquer d'abord, que le sang est toujours alcalin (les cas de Scherer, qui dit avoir trouvé le sang neutre et même acide, sont contestés), puis, que l'action d'un acide ne suffit pas, pour produire cette matière analogue à la mélanose. Je n'ai jamais pu la produire à 40°. Il faut une chaleur bien supérieure à celle de l'organisme. Quelle est, dans des circonstances données, cette force qui remplace une chaleur de 80°? Il faut, sans doute, pour qu'elle se produise, des conditions bien exceptionnelles, vu la rareté de la maladie. D'ailleurs, ces expériences peuvent être variées d'une infinité de manières, et peut-être arrivera-t-on à trouver une substance opérant la transformation à la température de l'organisme. — Je tiens, du reste, à faire remarquer que le fait de la transformation du sang extravasé, en mélanose, est admis par plusieurs auteurs (1), seulement, on n'en donne aucune explication. Celle que je propose est sans doute attaquable, mais je désire seulement que, si elle n'est pas exacte, des recherches soient faites pour la remplacer par une autre.

(1) Voir plus haut. — Billroth, p. 34; Fabre, id., et Follin, loc. cit., p. 244.

ANALYSE CHIMIQUE

DES OS DANS L'OSTÉOMALACIE

Mon collègue, M. Nérard, a présenté, dans la séance du 5 juin, une observation d'ostéomalacie. Les divergences d'opinion que l'on trouve dans la science relativement à cette maladie m'ont donné l'idée de faire l'analyse chimique des os de cette malade.

L'analyse chimique des os de sujets affectés d'ostéomalacie peut avoir deux buts bien différents.

1° Reconnaître seulement dans quel rapport se trouvent la partie organique et la partie inorganique de l'os examiné.

2° Reconnaître si, comme l'ont dit MM. Marchand, O. Schmidt, Otto Weber, ces os contiennent de l'acide lactique et des lactates à la faveur desquels le phosphate de chaux pourrait être dissous, puis résorbé.

Le premier but est celui qu'on s'est ordinairement proposé jusqu'à présent ; une analyse grossière suffit pour y arriver, puisqu'il suffit comme on le sait de calciner les os desséchés et d'évaluer par différence la quantité de matière organique détruite (1). Le second est plus difficile à attein-

(1) On peut encore faire la contre-partie de cette analyse :

drc : il exige une analyse délicate, il exige surtout que les os n'aient subi aucune altération. Or, ceux que j'ai eu à examiner avaient macéré pendant plusieurs jours dans de l'eau saturée de sel marin.

L'acide lactique est soluble en toute proportion dans l'eau ; les lactates, le lactate de chaux en particulier, sont aussi très-solubles ; on comprend sans peine que durant cette longue macération, les éléments solubles de l'os aient dû disparaître en grande partie, on comprend aussi que des traces seulement de ces principes aient pu être décelées par l'analyse chimique.

Je me suis donc proposé dans cette analyse de rechercher surtout quelle quantité de sels contenaient les os malades, j'ai de plus voulu examiner si ces os conservaient encore quelques traces de lactates qu'ils avaient dû contenir, si le cas était analogue à ceux qui ont été cités par MM. Marchand, Otto Weber (1), O. Schmidt (2), bien décidé du reste à ne pas conclure de l'absence de ces sels qu'ils n'y avaient pas existé avant la macération. L'opinion contraire ayant pour défenseurs Volkmann et Virchow (3), on voit quel intérêt s'attache à cette question (4).

traiter les os par l'acide chlorhydrique étendu et peser le résidu desséché. On évalue ensuite soit directement, soit par différence, la partie inorganique dissoute.

(1) *Zur kenntniss der osteomalacie*, etc.

J'ai puisé mes renseignements sur cet ouvrage dans l'analyse qu'en a faite M. J.-L. Prévost, interne des hôpitaux de Paris, dans la *Gazette médico-chirurgicale de Toulouse*, 25 mai 1867.

(2) *Annalen der chemie und pharmacie*, t. LXI, p. 329.

(3) Cité par Niemeyer, t. II, p. 589.

(4) Il est difficile d'admettre que, dans l'ostéomalacie, le

J'ai opéré sur un fragment d'humérus, et à l'exemple de tous ceux qui se sont occupés de ces analyses, j'ai examiné séparément la substance spongieuse épiphysaire et le tissu compacte de la diaphyse humérale. J'ai pris dans un cas la partie profonde de la tête de l'humérus, soigneusement dépouillée de son cartilage ; dans le deuxième cas, la partie moyenne de la diaphyse humérale.

La substance spongieuse desséchée à 100° pesait 4 gr. 54
La substance compacte   id.   4   05

La première a été traitée par l'éther pour dissoudre la grande quantité de graisse contenue dans ses aréoles. Elle lui a cédé 0 gr. 65, d'une graisse peu colorée, exhalant une odeur très-désagréable.

Après la calcination, j'ai obtenu :

De la substance spongieuse,   0 gr. 99
De la substance compacte,   1 gr. 73 (1)

de cendres blanches contenant à peine quelques traces de charbon.

Mais, je le rappelle encore, ces os avaient macéré dans

phosphate de chaux ne soit pas résorbé, et cependant la résorption n'est pas possible, puisque ce phosphate est totalement insoluble soit dans l'eau, soit dans le sang. Il n'est soluble que dans les solutions d'acide lactique. La théorie, on le voit, exige la présence de cet acide.

(1) Ce procédé d'évaluation des matières inorganiques est défectueux. Il ne devrait pas évidemment être employé si l'on

l'eau salée : s'ils avaient cédé à l'eau une partie de leurs sels solubles, ils avaient aussi absorbé une quantité notable de chlorure de sodium. Les cendres contenaient donc, outre les matières solubles, objet des recherches (acide lactique et lactates) une certaine proportion de ce chlorure.

Les cendres traitées par l'eau distillée ont perdu :

Celles de la substance spongieuse,	0 gr. 42
id. compacte,	0 gr. 23

dont :

voulait doser les lactates. A une température élevée, l'acide lactique distille en partie, une autre portion se transforme successivement en acide lactique monohydraté ($C^6H^5O^5HO$), acide lactique anhydre ($C^6H^5O^5$), lactide ($C^6H^4O^4$) et lactone ($C^{10}H^8O^4$). Mais dans le cas actuel, où il suffisait de constater sa présence, ce procédé était suffisant et avait l'avantage d'être plus rapide.

Voici, du reste, le procédé employé par Otto Weber, et qui devra être employé toutes les fois qu'on voudra doser l'acide lactique et les lactates :

Faire digérer dans l'eau la bouillie osseuse.

Ajouter de l'oxyde de zinc.

Dissoudre le résidu dans l'alcool bouillant.

Traiter par l'acide oxalique pour précipiter le lactate de chaux,

Doser la chaux et par suite l'acide lactique contenu dans l'os à l'état de lactate.

Traiter le reste de la solution par l'acide sulfhydrique.

Doser le zinc à l'état de chlorure, évaluer ensuite la quantité d'acide libre qui s'est combinée à l'oxyde de zinc.

0,20 de chlorure de sodium, dans le premier cas;
0,10, dans le deuxième (1).

Ce sel étant évidemment surajouté, car les os n'en contiennent que fort peu à l'état normal (0 gr. 25 p. 100 gr.
d'os desséchés), doit être retranché des résultats ci-dessus,
qui doivent alors être modifiés ainsi :

Cendres produites par la substance spongieuse, 0,79
      id.   id.   compacte, 1,63

Donc, pour ces os, la proportion de la matière organique à la matière inorganique était :

	Poids total moins celui du chlorure de sodium.	Cendres.	Matière organiq. pour 100.	Matière inorgan. pour 100.
Subst. spong.	4,34	0,79	81,79	18,20
Subst. compac.	3,95	1,63	58,73	41,26

Normalement, une portion de diaphyse humérale (partie
corticale) chez une femme adulte (22 ans), contient :

D'après Flourens, 63,4
D'après Pelouze, 64,1

de matière inorganique ; c'est donc une différence de plus
de 20 pour 100 sur la proportion des sels.

(1) Le chlorure de sodium a été précipité par l'azotate d'argent.

Quant à la faible proportion de 18,20 de sels du premier cas, elle s'explique lorsqu'on se rappelle avec quelle facilité la tête de l'humérus se pliait sous les doigts même avec une faible pression.

On a vu que lorsque les cendres avaient été traitées par l'eau, elles avaient perdu un poids plus considérable que celui du chlorure de sodium précipité. En effet, d'autres matières avaient été dissoutes. Les eaux de lavage filtrées pour séparer le chlorure d'argent, puis évaporées à siccité, ont donné :

0, gr. 22 dans le premier cas.
0,   13 dans le deuxième.

C'est dans ce faible résidu que devaient être contenus l'acide lactique et les lactates. Les doser était bien difficile, c'était de plus inutile, la plus grande partie ayant disparu soit par la macération, soit par la calcination. Une détermination était pourtant possible : ce résidu ne rougissait pas le papier de tournesol; donc, l'acide lactique n'y existait pas à l'état de liberté. On devait s'y attendre du reste : nous avons dit par quelles transformations avaient dû passer l'acide lactique. Le lactate de chaux, plus fixe, avait dû résister.

L'important était de savoir si le résidu contenait des lactates.

Eh bien ! je crois pouvoir affirmer que ces lactates existaient.

Il y a une réaction commune, il est vrai, à un grand

nombre d'acides organiques, tels que les acides tartrique, citrique, mucique, lactique, etc., c'est leur transformation en acide oxalique sous l'influence de l'acide azotique. L'acide oxalique est facile à déceler par l'eau de chaux.

Or, en mélangeant le résidu dissous dans l'eau distillée avec quelques gouttes d'acide azotique, on voyait au bout d'un instant ce mélange, d'abord sans action sur l'eau de chaux, y produire d'abord un léger nuage, puis ce précipité devenir de plus en plus abondant à mesure qu'on se servait du mélange préparé depuis plus longtemps, sur lequel, par conséquent, l'acide azotique avait eu davantage le temps d'agir pour transformer cet acide organique non déterminé en acide oxalique.

Cette réaction indiquait seulement la présence d'un acide organique de la nature de ceux qui ont été cités plus haut ; restait à déterminer quel était cet acide.

La solution examinée ne précipitait pas l'eau de baryte.

Elle était sans action sur l'eau de chaux tant qu'on ne l'avait pas traitée par l'acide azotique, comme on l'a vu plus haut.

Elle précipitait en blanc la solution concentrée d'acétate de zinc.

Ces quatre réactions, la dernière surtout, qui est caractéristique, montrent clairement que les os examinés contenaient des lactates.

Un point encore m'a paru intéressant à examiner :

Lorsque dans un os une portion considérable de la partie inorganique vient à disparaître, les phosphates et le carbonate de chaux restent-ils dans le même rapport ?

J'ai pris les cendres insolubles provenant de la portion compacte de l'humérus déjà examinée. Ces cendres contenaient les phosphates de chaux et de magnésie et aussi le carbonate de chaux. Traitées par l'acide acétique, elles ont donné lieu à un dégagement d'acide carbonique.

Après dissolution et filtration, j'ai recueilli 0 gr. 27 d'acétate de chaux, formés de 0 gr. 0957 de chaux et 0 gram. 1743 d'acide acétique.

0,0957 de chaux étaient donc auparavant combinés avec 0,0707 d'acide carbonique donnant un total de 0,1664 de carbonate de chaux.

Le poids total des cendres étant de 1 gr. 63, le carbonate en formait un peu plus de un dixième, ce qui est la proportion normale.

CONCLUSIONS.

1º Dans ce cas vraiment remarquable d'ostéomalacie, la proportion de matière inorganique est tombée de 64 à 41 pour la substance compacte. Elle est tombée à 18 pour la substance spongieuse.

2º Les os des sujets affectés d'ostéomalacie contiennent des lactates à la faveur desquels le phosphate de chaux peut être dissous, puis résorbé.

Il est probable qu'il y existe aussi de l'acide lactique (1);

(1) On se demandera sans doute d'où provient cet acide lactique. Je transcris quelques lignes du *Traité de chimie générale*, de Pelouze et Fremy :

« L'acide lactique que l'on trouve dans l'organisation végétale et animale paraît être le résultat d'une transformation qui s'est opérée sous l'influence d'une sorte de fermentation.

« La plupart des substances organiques azotées, telles que la fibrine, l'albumine, la caséine, que l'on abandonne à l'air pendant quelque temps et qui éprouvent un commencement d'altération, se transforment en ferment lactique et acquièrent la propriété de changer en acide lactique les matières neutres, telles que le sucre, la gomme, l'amidon, le ligneux, le sucre de lait, etc. » (Tome IV, p. 288.)

Ne se pourrait-il pas qu'il se produisît dans l'ostéomalacie quelque altération semblable ? La fibrine ou l'albumine altérées ne pourraient-elles pas réagir sur l'osséine pour donner de l'acide lactique ?

mais l'analyse telle qu'elle a été faite ne permet pas d'en affirmer l'existence.

3º La proportion du carbonate de chaux et des phosphates reste constante. Le carbonate disparaît dans la même proportion que les phosphates.

9 782019 248390